INCREDIBLE
NATURAL WONDERS

不可思议的
自然奇观

《图说天下》编委会◎编著

甘肃少年儿童出版社

图书在版编目（CIP）数据

不可思议的自然奇观 / 《图说天下》编委会编著
. -- 兰州：甘肃少年儿童出版社，2024.6
ISBN 978-7-5422-7326-0

Ⅰ.①不… Ⅱ.①图… Ⅲ.①自然地理 – 世界 – 青少
年读物 Ⅳ.①P941-49

中国国家版本馆 CIP 数据核字 (2024) 第 095015 号

不可思议的自然奇观
BUKE SIYI DE ZIRAN QIGUAN

《图说天下》编委会 编著

选题策划：冷寒风
责任编辑：王泽鸿
文图统筹：韩飞
封面设计：罗雷
美术统筹：孙姝宁
出版发行：甘肃少年儿童出版社
　　　　　（兰州市读者大道 568 号）
印　　刷：文畅阁印刷有限公司
开　　本：720 毫米 ×787 毫米 1/12
印　　张：4
字　　数：80 千
版　　次：2024 年 6 月第 1 版
印　　次：2024 年 6 月第 1 次印刷
印　　数：1～10 000 册
书　　号：ISBN 978-7-5422-7326-0
定　　价：42.00 元

如发现印装质量问题，影响阅读，请与出版社联系调换。
电话：0931-8773267

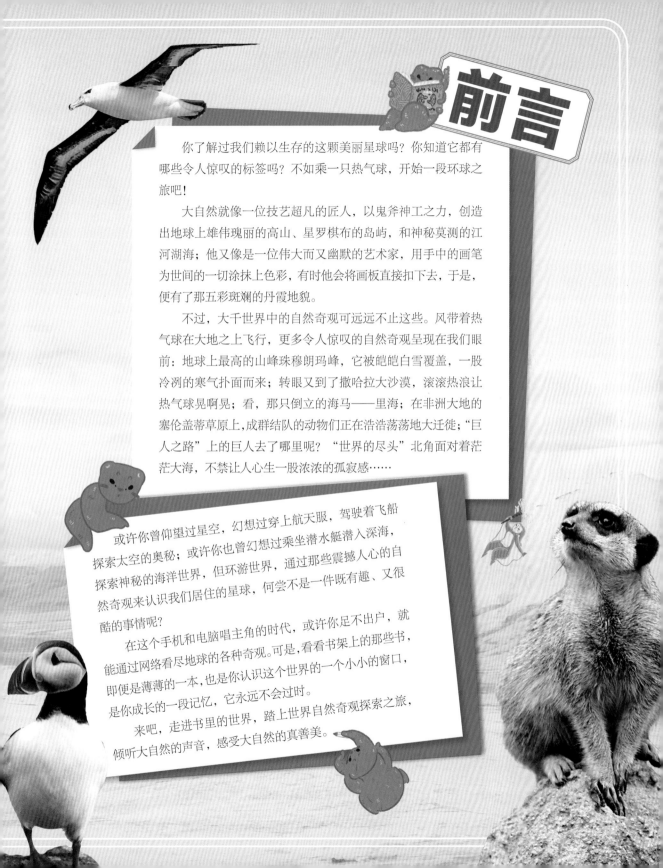

前言

你了解过我们赖以生存的这颗美丽星球吗？你知道它都有哪些令人惊叹的标签吗？不如乘一只热气球，开始一段环球之旅吧！

大自然就像一位技艺超凡的匠人，以鬼斧神工之力，创造出地球上雄伟瑰丽的高山、星罗棋布的岛屿，和神秘莫测的江河湖海；他又像是一位伟大而又幽默的艺术家，用手中的画笔为世间的一切涂抹上色彩，有时他会将画板直接扣下去，于是，便有了那五彩斑斓的丹霞地貌。

不过，大千世界中的自然奇观可远远不止这些。风带着热气球在大地之上飞行，更多令人惊叹的自然奇观呈现在我们眼前：地球上最高的山峰珠穆朗玛峰，它被皑皑白雪覆盖，一股冷冽的寒气扑面而来；转眼又到了撒哈拉大沙漠，滚滚热浪让热气球晃啊晃；看，那只倒立的海马——里海；在非洲大地的塞伦盖蒂草原上，成群结队的动物们正在浩浩荡荡地大迁徙；"巨人之路"上的巨人去了哪里呢？"世界的尽头"北角面对着茫茫大海，不禁让人心生一股浓浓的孤寂感……

或许你曾仰望过星空，幻想过穿上航天服，驾驶着飞船探索太空的奥秘；或许你也曾幻想过乘坐潜水艇潜入深海，探索神秘的海洋世界，但环游世界，通过那些震撼人心的自然奇观来认识我们居住的星球，何尝不是一件既有趣、又很酷的事情呢？

在这个手机和电脑唱主角的时代，或许你足不出户，就能通过网络看尽地球的各种奇观。可是，看看书架上的那些书，即便是薄薄的一本，也是你认识这个世界的一个小小的窗口，是你成长的一段记忆，它永远不会过时。

来吧，走进书里的世界，踏上世界自然奇观探索之旅，倾听大自然的声音，感受大自然的真善美。

目录

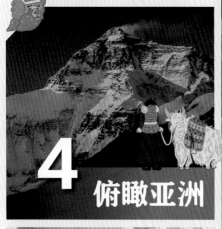

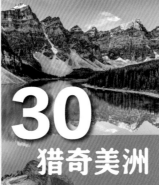

CONTENTS

俯瞰 亚洲

亚洲，全称亚细亚洲，意为"日出之地"或"东方"，是世界最先苏醒的地方。从冰雪覆盖的北极到绿树浓荫的赤道，亚洲地域最辽阔，高原、沙漠、热带雨林、岛屿、冰川等，都能在这里看到。

攀登珠穆朗玛峰的运动员

亚洲最大的沙漠

阿拉伯大沙漠几乎横贯整个阿拉伯半岛，面积约233万平方千米，大部分位于沙特阿拉伯境内。阿拉伯大沙漠的最高气温出现在夏季，可达50摄氏度，最低气温出现在冬季的夜里，会低于0摄氏度。即便是这样恶劣的环境，还是会有大量生物生存于此，如骆驼、阿拉伯剑羚、蜘蛛、蝎子等。在干燥荒芜的沙漠底下，储藏着丰富的地下水和石油。其中，石油从1938年实现商业开采，持续至今。

大漠驼影

"冰塔"聚集地

巴尔托洛冰川是一条穿越昆仑山脉的大型冰川，全长63千米，大致呈东西走向。这条冰川的表面崎岖坎坷、遍布裂隙，冰塔和岩屑随处可见。如果要攀登世界第二高峰乔戈里峰，那么巴尔托洛冰川是必经之地。

在这里，登山者不但可以从不同方向欣赏乔戈里峰以及其他几座海拔超过8000米高峰的雄姿，还能一次遍览全球17座最高山峰中的6座的雄奇风采。

阿拉伯剑羚

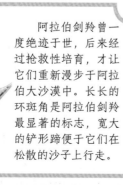

阿拉伯剑羚曾一度绝迹于世，后来经过抢救性培育，才让它们重新漫步于阿拉伯大沙漠中。长长的环斑角是阿拉伯剑羚最显著的标志，宽大的铲形蹄便于它们在松散的沙子上行走。

在整条冰川的周围散落着巨大的冰锥，这些冰锥又被称为"冰塔"，大小不一，最大的冰锥和房屋一样大。

地球之巅

自1921年起就不断有人试图征服珠峰，但大多都失败了。

若论地球上的最高峰，还没有哪一座敢同珠穆朗玛峰一较高下。珠穆朗玛峰位于中国西藏自治区与尼泊尔交界处的喜马拉雅山脉中段，是喜马拉雅山脉的主峰，也是世界第一高峰，这里全年平均气温为零下29摄氏度，有"世界第三极"之称。2020年12月8日，中国同尼泊尔共同宣布珠穆朗玛峰的最新高度，其海拔为8848.86米。在这里，海拔在7000米以上的高峰达40余座。站在这高峰云集的地方，人渺小得像一只蚂蚁。

日本第一高山

富士山是世界著名的活火山，海拔3776米，也是日本第一高峰。自公元781年有相关文字记载以来，富士山共喷发过18次。多少年来，富士山的神奇魅力吸引着众多的登山爱好者，富士山的主要登山口有4个，分别是富士宫口、须走口、御殿场口和富士吉田口。

▼

新富士火山：11000年前，由火山喷发的大量玄武岩质熔岩沉降后形成。

古富士火山：从80000年前到15000年前由持续喷发的火山灰等物质沉降后形成，高度接近3000米。

小御岳火山：数十万年前喷发后形成。

爱鹰火山　　　　先小御岳火山

南　　　　　　　　　　　　　　　　北

富士山山体的形成过程

富士山、樱花和新干线是日本的象征，而富士山又是日本传统诗歌及乐曲中常见的吟咏意象。

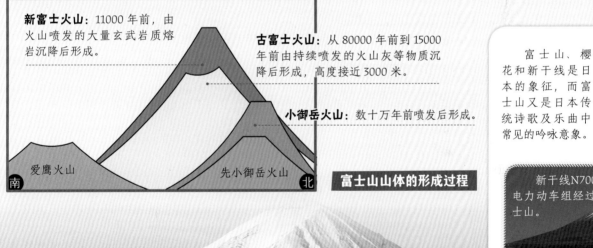

新干线N700系电力动车组经过富士山。

征服富士山！

早在日本平安时代（794-1192），富士山即为日本的登山圣地，2013年富士山作为自然遗产被列入《世界遗产名录》。

分隔亚欧的"海马"

里海是欧洲和亚洲的界湖，总面积约为39.4万平方千米，有5个渤海那么大，是世界上最大的封闭性内陆海。它的轮廓像一只倒立的海马，是古地中海的一部分，有着与海洋相似的生态系统，既可以叫它内陆海，也可以叫它海迹湖。伏尔加河、乌拉尔河等130多条河流注入其中，盛产鲟鱼、鲱鱼、河鲈等鱼类。自从科学家勘探到里海底下有储量惊人的石油和天然气，它就成了炙手可热的"聚宝盆"，被誉为"第二个中东"。

生活在里海中的蝌蚪鰕虎鱼

里海

贝加尔湖

西伯利亚的明珠

贝加尔湖位于俄罗斯东西伯利亚南部，因为整个湖面形状狭长而弯曲，故有"月亮湖"之称。湖中部的最深处达1620米，是世界上最深、蓄水量最大的淡水湖。湖面蔚蓝如海，清澈深邃，有"西伯利亚明珠""西伯利亚蓝眼睛"等美誉，被当地人称为"天然之海"。贝加尔湖中生活着一种淡水海豹种群——贝加尔海豹，据科学家推测，这些海豹是远古冰期时从北冰洋迁徙而来的。

脑海深处偶尔会浮现出一片冰天雪地的世界……

贝加尔海豹

6

● 不断"变秃"的林冠

针叶林的生长因为纬度的不同而千差万别，南部地区的树木更高大、密集，而树木的密度和高度随纬度升高而逐渐下降。直至针叶林彻底被苔原取代，广阔的大地上就只剩下寥寥可数的矮小树木。

生活在西伯利亚苔原的驯鹿

西伯利亚针叶林

西伯利亚针叶林是一片非常广袤的原始森林，它从最西边的乌拉尔山到东边的太平洋沿岸，从北边的北极圈边缘一路向南延伸到蒙古，覆盖了约670万平方千米的土地。

西伯利亚地处中高纬度，自然条件复杂多样，大陆性气候显著，自西向东逐渐增强，年平均气温低于0摄氏度，降水量地域差异较大。而以针叶树为主的西伯利亚针叶林也因地形和气候的影响，其树种从西到东依次为云杉、赤松与落叶松混合林、落叶松。

西伯利亚云杉的种子　　俯瞰西伯利亚针叶林

注意！这些"巧克力山"只有在旱季的时候才能看到哟！

晨光中的菲律宾保和岛"巧克力山"

◄ 巧克力山

菲律宾最美丽的岛屿是保和岛，而保和岛最有趣的地方是"巧克力山"。"巧克力山"由上千个圆锥形小山丘组成，雨季时是绿色的，而旱季时则变成褐色，酷似一个个香甜的巧克力，因此得名。

"巧克力山"究竟是怎么形成的呢？有科学家认为，它可能是由火山喷发出的石块被石灰石覆盖后形成的；也有科学家认为由于海床上升，残留在岛上的贝壳、珊瑚岩层和黏土层被雨水长年累月侵蚀后，才形成了众多圆锥形小山丘组成的"巧克力山"。

7

此生必看的中国奇景

如果你是一位画家，那一定会感叹世间所有的颜料加起来也画不完中国的美。中国地域辽阔，风景数不胜数，各具特色的地貌风格迥异，多姿多彩的风景不胜枚举……

滴江渔火

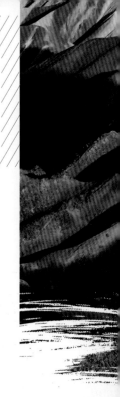

桂林山水甲天下

桂林山水向来以山青、水秀、洞奇、石美著称。这是一幅自古便享有"山水甲天下"盛名的水墨画，一片因刘三姐而闻名于世的传奇之地，一片被壮族歌舞和美酒渲染得淋漓尽致的山水。象鼻山、七星岩、漓江……这些被中国乃至世界游客口口相传的风景如同一个个音符，隐匿在桂林亦真亦幻的山水丛林里。

海拔最高的火山口湖▼

长白山天池又叫龙潭，位于吉林东南部长白山自然保护区，是中朝两国的界湖，也是长白山的火山口湖。湖面海拔2188米，是我国东北地区海拔最高的湖泊，也是全球海拔最高的火山口湖。天池深达373米，是我国最深的天然湖泊。

长白山是图们江、松花江、鸭绿江三江共同的源头。

张家界武陵源雪景

遗落人间的仙境

于处处青山中，张家界悄然矗立。在这里，大小3000多座山峰异峰突兀、拔地而起。四周似刀劈斧砍一般，尖锥体、柱状体、千峰争奇，迷离的云雾和潮湿的空气扑面而来。张家界的四周都竖立着奇峰怪石，有的像冲天跃起的"恶鲨"，有的像孙悟空索取的"定海神针"，时隐时现，扑朔迷离，奇幻峻秀，宛如仙境，令人念念不忘。

千峰竞秀的张家界胜景

2009年，《中国国家地理》杂志《图说天下》编委会将张掖丹霞地貌评选为"中国最美的6处奇异地貌"之一。

丹霞地貌的精彩之处在于打破了人们过去对于山水的印象和审美。

黄河水含沙量极大，不但水面呈黄土色，溅起的水雾也是黄土色。

打翻调色板的地方 ▲

张掖丹霞地貌位于甘肃河西走廊中段，这是一处让人看过以后终生难忘的景色，光秃秃的山坡上看不见一株植物的影子，彩色的岩石明亮得有些耀眼，像是一片熊熊燃烧的火海。张掖丹霞地貌主要由红色砾石、砂岩和泥岩组成，以交错陡峭、色彩斑斓而称奇，兼广东丹霞山的雄、奇、险、幽于一身，融新疆五彩滩的色彩斑斓为一体。因而有人评价道："张掖宫殿式丹霞地貌中国第一，张掖彩色丘陵中国第一。"

壶口瀑布 ▲

黄河一路奔腾滚滚而来，原本宽阔的黄河洪流骤然被两岸的砂岩约束，河水飞流直下，波浪翻滚，惊涛怒吼，犹如滚滚沸水从天然壶嘴中喷涌而出，雷霆一般震撼着晋陕峡谷两岸的崇山峻岭。壶口瀑布位于山西省临汾市吉县与陕西省延安市宜川县交界处，站在其岸边，目睹巨浪翻腾，耳闻涛声如雷，方能真正领略到黄河在奔腾、怒吼的浩大气势。

张掖丹霞大景区

世界屋脊的胜境

几千万年前，印度洋板块与亚欧板块猛烈撞击导致地表隆起，诞生了地球上最高、最厚、最年轻的高原——青藏高原，喜马拉雅山脉、昆仑山脉以及众多冰川湖泊也应运而生。

冈仁波齐峰

冈仁波齐峰位于西藏自治区阿里地区普兰县境内，海拔 6656 米，是冈底斯山脉的主峰及其第二高峰。其山势雄伟，四周是悬崖绝壁，峰顶四季积雪，雪线高达 6000 米。冈仁波齐峰在藏语中的意思为"神灵之山"，每年都会吸引无数人来此地游览。

▼

昆仑山脉

昆仑山脉是世界上高峰、冰川最密集的地域，其长约 2500 千米。昆仑山脉人烟稀少，来此活动的人多是专业攀登者。不过在这里，并不是所有的山峰都可以被轻易征服，如川口塔峰。川口塔峰以近乎垂直的角度耸立在山脊线上，其海拔高达 6241 米，令人望而生畏。乔戈里峰海拔 8611 米，是昆仑山脉的主峰，也是世界第二高峰。

▼

冈仁波齐峰

乔戈里峰

乔戈里峰北坡的音苏盖提冰川长 41.5 千米，面积达 329.83 平方千米，是中国境内最大的冰川。

海拔（米）

昆仑山脉中海拔最高的4座山峰

8611	8068	8047	8034
乔戈里峰	加舒尔布鲁木Ⅰ峰	布洛阿特峰	加舒尔布鲁木Ⅱ峰

青色西海

　　青海湖古称西海，是雪域高原上的一面青色的镜子。湖面面积达 4340 平方千米，是中国最大的内陆咸水湖。

藏羚羊主要生活在中国青藏高原，被称为"高原精灵"，是国家一级保护野生动物。

发现敌情，准备奔跑！

藏羚羊

天空之镜——纳木错

　　纳木错是我国第二大咸水湖，位于西藏自治区，湖面海拔 4718 米，是世界上海拔最高的大湖。纳木错湖水清澈透明，有"天空之镜"的美誉。因为拥有丰富的水资源，许多鱼类、水鸟和其他野生动物栖息在这里。

纳木错藏语为"天湖"之意，蒙古语称"腾格里海"。

牦牛

可可西里

　　可可西里是位于青藏高原上的自然保护区，这里不但有着广阔的高寒草甸、湖泊和河流，还有连绵不断的雪山，是藏羚羊、野牦牛、雪豹、白唇鹿等珍稀野生动物的栖息地。因为可可西里的生态系统十分脆弱，国家禁止一切商业开发和旅游活动，使得可可西里的自然环境被保护得非常好。

穿越海峡看世界

我们都知道东南亚的"十字路口"马六甲海峡是连接印度洋与太平洋的重要海上通道。没错，海峡就是两块陆地之间连接两个海或两个洋的狭窄水道。海峡通常是交通要道和航海枢纽，又被称为"海上走廊""黄金水道"。我们来看看世界上有哪些重要的海峡吧。

德雷克海峡 ▶

位置： 南美洲南端与南极洲南设得兰群岛之间，连通南大西洋和南太平洋。

附近国家： 智利、阿根廷

重要性： 南美洲和南极洲的分界线，各国科考队赴南极考察的必经之路。

海峡特色： 是世界上最宽、最深的海峡，宽度为900千米至950千米，平均水深3400米，最大深度达4750米。

所过之处，皆是我的领空！

掠过德雷克海峡上空的黑眉信天翁

火地岛的灯塔

俯瞰霍尔木兹海峡

霍尔木兹海峡

位置： 阿曼穆桑代姆半岛与伊朗拉雷斯坦地区之间，连通波斯湾和阿曼湾。

附近国家： 伊朗、阿曼

重要性： 波斯湾通往印度洋的咽喉，是印度洋进入波斯湾的唯一水道。它是中东海湾地区石油输往世界各地的唯一海上通道，因此被誉为西方国家的"海上生命线"。

海峡特色： 世界著名的"石油海峡"。

莫桑比克海峡

位置： 非洲大陆东南岸与马达加斯加岛之间，连通南大西洋与西印度洋。

附近国家： 莫桑比克、马达加斯加

重要性： 这里是从南大西洋到西印度洋的海上交通要道。

海峡特色： 它是世界上最长的海峡，长约1670千米。中国明朝著名的航海家郑和下西洋时就曾经过这里。

马达加斯加岛上的猴面包树

白令海峡

位置： 亚洲大陆东北端与北美洲大陆西北端之间，连通北冰洋和太平洋。

附近国家： 俄罗斯、美国

重要性： 亚洲与北美洲的分界线，是北冰洋通往太平洋的唯一航道。

海峡特色： 位于亚洲的最东端、北美洲的最西端，是北美洲和亚洲之间的最短距离，国际日期变更线也经过此处。因此，在小代奥米德岛和拉特马诺夫岛这两个相距仅有4千米的地方，日期却相差一天。

马六甲海峡属于热带雨林兼季风气候，全年都有影响船只航行的暴雨。

马六甲海峡港口

马六甲海峡

位置： 马来半岛与苏门答腊岛之间，连通南海和安达曼海。

附近国家： 马来西亚、印度尼西亚、新加坡

重要性： 太平洋与印度洋之间航运的咽喉要道，是亚洲、非洲、欧洲三洲的海上交通纽带。由于独特的地理位置及繁忙的海上运输，马六甲海峡被誉为"海上十字路口"。

海峡特色： 马六甲海峡就像是马来半岛与苏门答腊岛之间的一个"大漏斗"，东南窄、西北宽，海峡全长约1080千米，通航历史近两千年。由新加坡、马来西亚和印度尼西亚三国共同管辖。

中亚历险记

中亚是一大片远离海洋的区域，四周的高山阻隔了来自海洋的水汽，所以气候干燥。这里有茫茫沙漠，也有流不到大海的内陆河；有游牧的牧民，也有成群的牛羊；有多样的瓜果，更有丰富的资源。这里虽深居内陆，却也曾创造出辉煌历史、孕育出风流人物。

1997年从高空俯瞰咸海

2018年4月的咸海

正在消失的咸海

咸海曾是世界第二大咸水湖，从高处俯瞰，它像一条游动在中亚腹地的大鲳鱼，属哈萨克斯坦和乌兹别克斯坦两国共有。湖水主要靠阿姆河和锡尔河两条内流河补给。后来因沿岸地区工农业用水剧增，阿姆河和锡尔河注入咸海的水量大减少，再加上气候因素，咸海面积因此迅速萎缩。现在这条"大鲳鱼"只剩下"鱼鳍"（西咸海）和"鱼尾"（北咸海）。在采取了一系列保护措施后，北咸海已基本恢复，但西咸海仍在逐渐消失。

咸海的干涸是人类活动引发的直接后果。

不是海的死海

死海位于约旦河最南端，面积1045平方千米。其原为地中海的一部分，后因地壳变化而与地中海分离，成为一个距地中海约90千米的内陆湖。死海湖面低于海平面416米，是地球陆面的最低点。

由于湖区气候炎热干燥，蒸发强烈，湖水盐度是一般海水的 6 ~ 7 倍。而随着约旦河的来水补给日益减少，死海的水位不断下降，盐度还在逐渐升高。清澈的湖水中不见一条鱼、一只虾，湖岸上也寸草不生，水面上没有一只水鸟，周围一片寂静、荒凉，只有岸边的岩石白里泛青，显得洁白庄重。

由于含盐量高，死海水的密度较大，人可以漂浮在水面而不下沉。

神奇的棉花堡

位于土耳其西南部代尼兹利省的棉花堡是著名的温泉休养地。一眼望去，一片白茫茫，宛如一座由棉花层层"垒砌"而成的城堡。实际上，这只是一座石灰岩山，洁白的岩石上布满了粗细不同、深浅不一的"皱纹"，所以看起来毛茸茸的。因为山顶有一眼温泉，富含碳酸钙的泉水顺山坡蜿蜒而下，经过长年累月的侵蚀和沉淀，把石灰岩山装扮得如同雪堆玉砌一般。而山间参差错落的温泉池，则把棉花堡装点得越发迷人。

1988年，希拉波利斯和帕姆卡莱（棉花堡）被列入《世界遗产名录》。

公元前2世纪前后，这里的温泉就被用于疗养。

希拉波利斯古城遗址

"中亚明珠"伊塞克湖

吉尔吉斯东北部的崇山峻岭中镶嵌着一颗璀璨的明珠，即风光旖旎的伊塞克湖。它在中国古代被称为"图斯池""热海""大清池"，面积为6332平方千米，最深处深达702米，是世界上面积第二大的高山湖泊。其湖水微咸，含有多种微量元素，冬季，湖泊周围白雪茫茫，湖面上却碧波荡漾，静谧神奇，被誉为"中亚明珠"。湖区空气清新，风光秀丽，夏季十分凉爽，是著名的避暑和疗养胜地。位于伊塞克湖西面的碎叶古城，是我国唐代大诗人李白出生的地方。

伊塞克湖

北欧 风光

北欧是基于地理上对欧洲北部的日德兰半岛和斯堪的纳维亚半岛一带的简称，包括丹麦、挪威、瑞典、芬兰、冰岛等。这里不但是神话与童话的故乡，更有着令人叹为观止的地理风貌。

法罗群岛是丹麦的一个自治州，丹麦语意为"羊岛"。

法罗群岛上的灯塔

挪威的灵魂：峡湾

峡湾是挪威的地域名片。挪威的峡湾由海洋延伸到内陆，长度从几十千米到几百千米不等，一个接一个，因此，挪威也有着"峡湾之国"的称号。不同于河谷，峡湾是因海水倒灌而形成的，里面是咸咸的海水。峡湾里的地势十分险峻，有许多断崖绝壁和雄伟奇险的巨石，如吕瑟峡湾和哈当厄尔峡湾分支处的"巨人之舌"等。

珍珠般的法罗群岛

法罗群岛位于挪威和冰岛之间，由18个居民岛和众多小岛岩礁组成，像散落在蔚蓝大西洋上的珍珠。法罗群岛海岸线曲折绵长，沿岸沟谷纵横，峡湾深邃，风光迷人。法罗群岛曾位列美国《国家地理》杂志评选出的"50座世界最美岛屿"之首。

在北角遥望"世界的尽头"

世界的尽头——北角

北角是挪威北部马格尔岛的一处海岬，曾长期被误认为是欧洲的极北点，实际上，它东面80千米处的诺尔辰角才是欧洲的极北点。北角是挪威海与巴伦支海的分界线，其向西南至斯塔万格的连线是北欧地质构造的一条重要界线，它的西侧为加里东褶皱带，东侧为波罗的海地盾，斯堪的纳维亚山脉以北角为终点。

巨人之舌

海雀

斯堪的纳维亚山脉

纵贯挪威全境的斯堪的纳维亚山脉非常古老，几亿年前就形成了。山脉长达 1700 千米，海拔约 1000 米，由于长期受到冰川的侵蚀作用，形成了大量的冰川湖泊和陡峭的山峰，因此在挪威境内，高原、山地和冰川占国土面积的三分之二以上。百万年前的冰河时代，融化的冰川在向海洋移动的过程中，将很多山谷切成了 U 形，海水倒灌后便形成了壮美的峡湾。

白雪覆盖下的斯堪的纳维亚山脉

史托克间歇泉

1789 年的一次地震后，史托克间歇泉首次喷发被记录下来。1963 年，为了确保间歇泉能够保持规律地喷发，人们清理了泉下面的通道。如今，史托克间歇泉大约每隔 6 ~ 10 分钟喷发一次。

史托克间歇泉的喷发过程

当史托克间歇泉喷发时，首先，一个巨大的蒸气水泡鼓了起来。

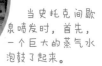

随后，一个水柱腾空而起！

在等一次能刷新纪录的水柱出现！

●间歇泉是如何喷发的？

目前对间歇泉的喷发原理说法不一，一般认为，间歇泉喷发必须具备三要素：地下水室、给水系统和热源。热源可能是过热水或蒸汽。当水室水体的温度达到临界值时，会汽化并喷出水室，带走大量热量，使水室的温度骤然下降，之后又进入下一个喷发循环中，如此反复。

给水系统

地下水室

热源

神奇的
不列颠群岛

不列颠群岛是欧洲西北海岸外坐落于大西洋上的岛屿群，主要包括大不列颠岛、爱尔兰岛、马恩岛等岛屿。在这里，你可以领略到诸多与大海密切相关的自然奇景。

不列颠群岛卫星图

在形成堤道的40000多根玄武岩石柱中，最高的石柱可达12米。

巨人之路 ▶

在北爱尔兰安特里姆高原边缘海岸，由数万根大小不一的石柱组成了一条绵延数千米的堤道，这种神奇景象令人惊叹。当地老人们都说这是一条"巨人之路"，相传是由爱尔兰巨人芬·麦库尔建造的。实际上，"巨人之路"是由5000多万年前火山喷发出的玄武岩熔岩遇到海水后迅速冷却而形成的。

莫赫断崖海景房，此处筑巢全靠抢！

● 巨人之路的传说

爱尔兰巨人芬·麦库尔将岩柱一个个移到海底，这样他就能走到苏格兰去和对手芬·盖尔交战。麦库尔完工后稍作休息，盖尔前来打探情况。当盖尔看到麦库尔巨大的身躯后吓坏了，他感到无比恐惧，匆忙逃回苏格兰，并毁坏了堤道，所剩的残余就是今天的巨人之路。

刀嘴海雀

莫赫断崖

莫赫断崖是爱尔兰西海岸边的一系列高耸的、条纹状的灰色悬崖。莫赫断崖由沉积岩岩层构成，这些岩层形成于上亿年前，现在，它们高出海平面200多米。每年4~7月，大量的海鸟来这里筑巢，如海鸠、刀嘴海雀、海鹦等。

芬戈尔山洞内景

芬戈尔山洞

内赫布里底群岛是英国西北部苏格兰西部沿海岛群，斯塔法岛是其中的一座荒无人烟的小岛。这座岛上有一个海蚀洞，以奇妙的声学效果而闻名于世，它就是得名于一位史诗英雄的芬戈尔山洞。洞内高约 20 米，深约 60 米，由于洞内特殊的地质构造，海浪拍击的回声在洞中形成了一种独特的音质。德国作曲家费利克斯·门德尔松于 1829 年慕名而来，游览此洞后深有感触，创作出序曲《芬戈尔山洞》，这首序曲又名《赫布里底群岛》。

侏罗纪海岸

侏罗纪海岸是英国的一片海滩，该海岸以蕴含多种远古已灭绝的动植物的化石而闻名于世，同时其也拥有冠绝天下的自然景观。侏罗纪海岸横跨英国的多塞特郡和德文郡，全长 155 千米，绝大部分海岸由沉积岩岩层构成，不同的岩层分别记录了不同时期的地理特征，这几乎是对地球三叠纪、侏罗纪和白垩纪的完整记录。古生物学家们在此发现了史前生物的完整化石，包括恐龙、昆虫、两栖动物的化石，还有远古针叶林和树蕨的化石森林。当然，除了古生物化石，这里还有天然形成的海蚀拱桥、尖峭岩石和超长的鹅卵石海岸。

白垩纪菊石化石

菊石

多佛尔白崖

多佛尔悬崖高高地耸立于英吉利海峡的海面上，耀眼的白色断崖是许多航海家对英格兰产生的第一印象。很久以前，无数微生物个体和富含碳酸钙的贝壳沉入海底，白色的贝壳一层层堆积起来，形成松软的石灰岩，再经过千百万年的外力作用，渐渐成为如今的白垩质悬崖。在高约 110 米的白色悬崖顶部，是一片绿色的、如织锦般的草地。

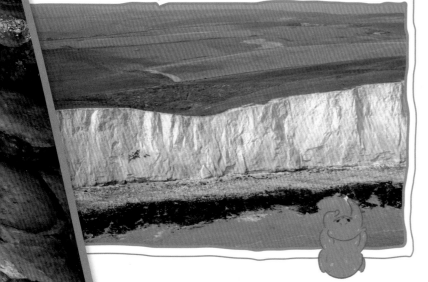

欧洲的"世界之最"

大自然这位造物主简直太调皮了，他在造就一处处震撼人心的景观时，也不忘多为其叠加一层增益效果，比如欧洲那些有着"世界之最"的自然奇观。

干流流经国家最多的河流——多瑙河

多瑙河是世界上干流流经国家最多的河流，自古就是欧洲征战、通商与探险的要道，是欧洲运输的大动脉。多瑙河发源于德国西南部，自西向东流经德国、奥地利、斯洛伐克等9个国家，最终从罗马尼亚流入黑海，全长2850千米。提到多瑙河，人们总会想到奥地利。虽然多瑙河只有一小段经过奥地利，但奥地利却是多瑙河畔最具艺术气息的国家，由奥地利音乐家约翰·施特劳斯创作的圆舞曲《蓝色多瑙河》更是举世闻名。奥地利首都维也纳也因其如画的风景而被称为"多瑙河的女神"，多瑙河也成了奥地利的标签。

多瑙河

伏尔加河是欧洲第一长河，古称拉河，位于俄罗斯欧洲部分。

世界最长的内流河——伏尔加河

伏尔加河是俄罗斯的母亲河，发源于俄罗斯西北部的丘陵地区，向东南蜿蜒3530千米，最后注入里海，是欧洲最长的河流，也是世界上最长的内流河。伏尔加河连通着波罗的海、白海、亚速海、黑海和里海，有"五海通航"的美称。千百年来，伏尔加河滋润着沿岸数百万公顷的沃土，养育了无数的俄罗斯儿女，列宁和高尔基都出生在伏尔加河畔。伏尔加河因流速缓慢而多沙洲和浅滩，以前的货船常常搁浅，于是催生了一个特殊的职业——纤夫。

蜿蜒流淌的伏尔加河

埃特纳火山是世界上研究和监测火山活动最好的地点之一，并将继续影响着火山学、地球物理学和其他地球科学学科。

埃特纳火山上有纪念罗马皇帝哈德良攀登埃特纳火山的遗迹。

2018 年 12 月 24 日埃特纳火山爆发。

▲ 欧洲最高、最活跃的火山——埃特纳火山

埃特纳火山坐落在意大利西西里岛东北部，海拔 3323 米，面积 1600 平方千米，是全球范围内喷发次数最多的火山。它高高耸立在港口城市卡塔尼亚北边，其有记录的首次喷发距今已有 2400 多年。埃特纳火山的形成很可能与它靠近非洲板块和亚欧板块的边界有关，其拥有错综复杂的结构，共有 3 个独立的山顶火山口，山坡上分布着 300 多个较小的火山喷口和火山锥。

在过去的数千年中，埃特纳火山始终处于活跃状态，其喷发活动主要分为两大类型。第一种是爆裂式喷发，即从顶峰的一个或多个火山口骤然爆发，喷射出大量岩浆、火山灰等，对周围环境造成较大的破坏。另一种是相对温和的喷发，即大量岩浆从火山口流出，对周围环境危害性相对较小。

追逐极光的脚步

在极光下的草帽山

地处北极圈附近的冰岛是观赏极光的理想场所。极光的美一直吸引着世人的目光，伽利略因而用古罗马神话中曙光女神欧若拉的名字为它命名。在伽利略心中，极光如神话中的曙光女神一般，带给人们美好和希望。

高空中的绚丽极光

晶莹而又迷幻的绿光是极光最常见的颜色。这种绿光往往没有固定的形状。站在地面上分辨不出极光的高度，科学家们测量后发现，这种白绿色极光一般分布在100千米至180千米的高空区域。还有一种被称为A型极光的红色极光和被称为B型极光的下缘为红色的极光。A型极光多呈弥漫状光弧，大多分布在200千米至400千米的高空，个别高度可达1000千米。B型极光多为射线式结构，一般分布在90千米至110千米的高空。

◀ 极光的形态之美

极光的形态飘逸多变。从地面上看，有的极光呈光弧光带状，宽度均匀，形状较稳定，会以非常缓慢的速度移动；有的极光带有射线式结构的光帘幕、光弧、光柱或光带，会以很快的速度移动；有的是一个很大的发光面，比如红色极光；有的则呈弥漫状，如云朵一般。各种各样的极光展现出大自然的奇幻和壮丽。

带有射线式结构的光帘幕

极光观赏地

人们只有在地球的高纬度地区才能看到极光。如欧洲的冰岛、挪威、瑞典、芬兰和俄罗斯北部，以及美国的阿拉斯加州、加拿大北部，南极洲和中国的黑龙江省等地也可看到。

冰岛罕见的多彩极光

北半球看到的极光称为北极光，南半球看到的极光则称为南极光！

地球的"母爱之光"▼

地球磁场关乎包括人类在内的所有地球生灵的存亡。倘若没有地球磁场的保护，太阳风暴将直接侵袭地球，致命的太阳辐射会灼伤地球上的所有生命体，大气温度也将迅速升高，从而导致冰川融化，海平面上升，大地被淹没，人类灭亡。地球母亲为呵护她的孩子，用自身的磁场和大气层阻挡着太阳风暴，而地球磁场和大气层也因此进发出了极美之光。极光，可谓地球的"母爱之光"。

一直相信光！

为什么会出现极光？

绚丽多彩的极光产生于地球的上空，奇幻的表象背后是粒子间的猛烈碰撞。当来自太阳的高速带电粒子流（即太阳风）冲向地球时，它们在地球磁场的作用下发生轨道偏转并汇聚成束，进而与大气层中的分子和原子猛烈碰撞而激发产生的发光现象。

大气层、地球磁场和太阳风，是极光产生的三要素。倘若这三个要素发生变化，极光也会随之变化，甚至消失不见。

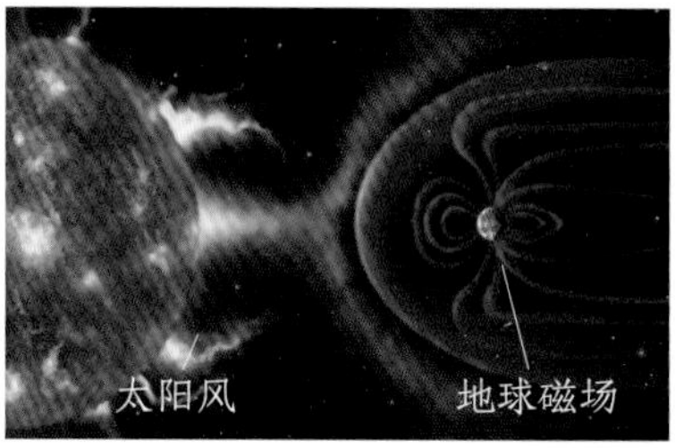

太阳风　　　地球磁场

地球磁场的磁极并非恒定不变，而是在不断地改变位置，历史上地球曾发生过多次磁极倒转。

有科学家预测，不排除未来某一天磁极完全倒转。在磁极倒转的过程中，无法确定极光会如何改变。

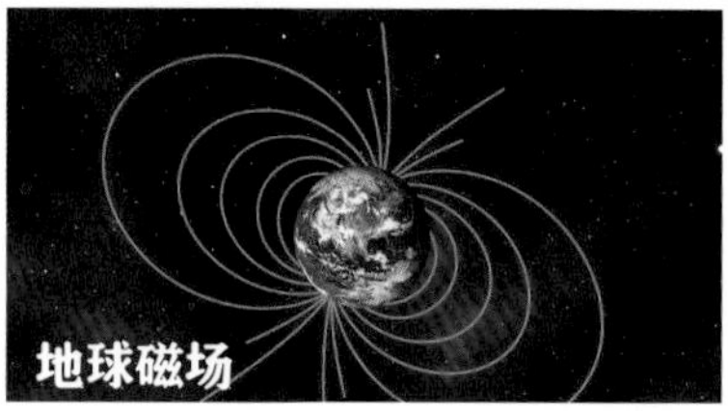

地球磁场

裂谷之地

从北部浩瀚的撒哈拉沙漠到南端的好望角，从西部的热带雨林到东部的埃塞俄比亚高原，非洲大陆不仅是人类起源地之一，还是野生动物的乐园。此刻，让我们带着敬畏又好奇的心，一起走进这块神奇的大陆。

乞力马扎罗山顶的积雪

"雷鸣之烟"：莫西奥图尼亚瀑布 ▼

河宽水阔的赞比西河在非洲中南部高原上悠然而过时，突然被一道深不见底的裂谷拦腰截断，万顷银涛整体下跌，以排山倒海之势直落深渊。巨瀑轰鸣，似百兽怒吼，如雷霆大作，惊天动地，震耳欲聋，其中最凶险的一段被称为"魔鬼瀑布"。瀑布溅起的水汽升腾至空中，万重白雾在阳光照射下，形成一道巨大而美丽的彩虹桥。

"莫西奥图尼亚"就是"雷鸣之烟"的意思。莫西奥图尼亚瀑布的宽度约是著名的尼亚加拉瀑布的两倍。

1989年，联合国教科文组织将莫西奥图尼亚瀑布列入《世界遗产名录》。

"非洲屋脊"：乞力马扎罗山

乞力马扎罗山位于坦桑尼亚东北部，是非洲最高的山，被称为"非洲屋脊"。乞力马扎罗山为休眠火山群，有七座主要山峰，其中基博峰海拔 5895 米，是非洲最高峰。虽然位于烈日炎炎的赤道地区，但乞力马扎罗山的山顶白雪皑皑，形成了闻名世界的"赤道雪山"奇观。从山脚登上山顶，可以体验从热带雨林到冰河世纪的梦幻穿越。

乞力马扎罗山在坦桑尼亚人心中无比神圣。为保护动植物资源和发展旅游业，坦桑尼亚政府于1973年将整个山区辟为乞力马扎罗国家公园，1987 年其作为自然遗产被列入《世界遗产名录》。

横跨赤道的肯尼亚山

在非洲，如果游览一座山，就能穿越赤道，跨越南北半球，那这座山就是肯尼亚山。肯尼亚山位于肯尼亚中部的赤道附近，是非洲最美的山峰之一。它的山体由粗面玄武岩构成，火山口经强烈侵蚀、切割，形成诸多高耸的山峰，最高峰基里尼亚加峰海拔5199米，是非洲第二高峰。肯尼亚山的主要山峰还有海拔5188米的涅利昂峰，海拔4988米的莱纳纳峰。肯尼亚山的山顶群峰巍峨，气势恢宏，终年积雪覆盖，是名副其实的"赤道雪山"。山中遍布峡谷、悬崖、冰川、湖泊，美不胜收。

基里尼亚加峰

生活在肯尼亚山附近的大象

"圣山"肯尼亚山

肯尼亚山是一座复式熄火山，大约在300万年前随着东非大裂谷的产生而形成。数千年来，其山顶常年覆盖冰帽，至今有十余条冰川，为肯尼亚山附近地区提供了充足的水源，因此成了吉库尤人眼中的"圣山"。

生命之水：尼罗河

在埃及东部，有一条世界上最长的河流，你一定听说过它的名字。是的，它就是尼罗河，它像一条绸带纵贯埃及南北，是埃及境内唯一的地表水源。尼罗河全长6671千米，其中1530千米流经埃及境内，著名的"尼罗六瀑布"就位于该河段上。

"世界七大水坝"之一的阿斯旺高坝就是在第一瀑布处修建的。

尼罗河流域是非洲人口最密集、经济最发达的地区之一，其下游谷地和三角洲是古埃及文明的发祥地。

"地球伤痕"：东非大裂谷 ▼

如果从太空俯瞰地球，会发现在非洲大陆的东部有一条巨大的裂痕，像一道"刀痕"呈现在人们的眼前，这就是著名的"东非大裂谷"。

东非大裂谷的形状像一个不规则的三角形，南起赞比西河河口一带，向北至马拉维湖北端分为东、西两支：东支为主裂谷，穿越东非高原、埃塞俄比亚高原抵红海沿岸，而后又向北延伸，经红海、亚喀巴湾，直至死海—约旦河谷地；西支经坦噶尼喀湖、基伍湖、爱德华湖，至艾伯特湖。

东非大裂谷全长6400多千米（经非洲大陆的裂谷带长4000多千米），是全世界最长的裂谷带。裂谷两侧有广袤的高原、巍峨的高山，谷中则不乏平坦的谷地、宁静的湖泊、奔腾的河流，气势壮观，景色迷人，被称为"地球最美丽的伤痕"。据板块构造学说，大裂谷是陆块分离的地方。地壳下高温熔融状态的地幔物质上涌，使地壳隆起，地壳继而减薄，然后断裂，断裂带两侧的陆块逐渐向外扩张，东非大裂谷由此诞生。

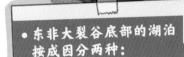

坦噶尼喀湖卫星图

东非大裂谷

● 东非大裂谷底部的湖泊按成因分两种：

断层湖：大裂谷断裂时形成，长条状，如坦噶尼喀湖。

构造湖：因地壳运动、地面下沉而形成的集水盆地，湖广水浅，如维多利亚湖。

最不像地球的地方：纳米布沙漠

纳米布沙漠是一片凉爽的海岸沙漠。这里一边是波涛汹涌的大西洋，一边是长期干旱的大漠。纳米布沙漠是世界上最古老的沙漠之一，地貌特征最像月球，有闻名世界的红色沙丘，有的沙丘比一些金字塔还高。

纳米布沙漠中生长着一种特殊的植物百岁兰，它有一对皮革般的带状大叶子，就像一只趴在海滩上的大章鱼。纳米比亚将百岁兰奉为国花，国名也因纳米布沙漠而得。

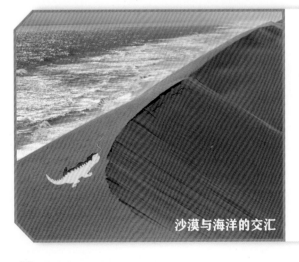

沙漠与海洋的交汇

百岁兰

在非洲大地上，食草动物和啃食植物枝叶的动物数量最多的地方就是塞伦盖蒂草原。

奔跑吧！向着新鲜的绿草和丰沛的水源！

塞伦盖蒂草原 ▲

　　塞伦盖蒂草原跨越肯尼亚和坦桑尼亚边界，临近赤道，是坦桑尼亚面积最大、野生动物最集中的天然动物保护区。"塞伦盖蒂"来自马塞族语，意为"广阔的地带"。

　　成群结队的动物，尤其是大群的食草动物是塞伦盖蒂草原不可或缺的美丽风景之一。雨季给这片干燥之地带来生命之源——水。每年雨季后，上百万头牛羚、斑马和瞪羚聚集在一起，组成一个浩浩荡荡的"超级兽群"进行大迁徙。

斑马

"人类的摇篮"：图尔卡纳湖

　　图尔卡纳湖位于肯尼亚西北部，北接埃塞俄比亚。它是非洲最大的咸水湖，南北长 256 千米，呈条带状。从空中俯瞰，图尔卡纳湖就像一块巨大的碧玉，所以又名"碧玉湖"。它不仅景色迷人，还以"人类的摇篮"著称，因为在湖滨曾发现大量古人类化石。

图尔卡纳湖是人类发祥地之一。

荒漠之旅

说起非洲，沙漠和荒原是两个绕不开的话题，烈日炎炎，气候干旱是这片大地最主要的特点。即便如此，仍然有不少动物和植物生活在这里，它们已然适应这种环境，并成为一道道独特的风景。

阿德拉尔高原 ▲

阿德拉尔高原可以看作缩小版的撒哈拉沙漠，巨大的流动沙丘、崎岖不平的峡谷、长满棕榈树的绿洲、高达 240 米的岩石峭壁……这不禁让人联想到撒哈拉沙漠的总体地貌特征。这片高原位于毛里塔尼亚中西部，气候干燥，几乎没有植被。"撒哈拉之眼"正位于阿德拉尔高原西部。

撒哈拉沙漠 ▼

位于非洲的撒哈拉沙漠是世界上最大的沙漠，面积约 900 万平方千米，几乎占满了整个非洲北部。"撒哈拉"在阿拉伯语中的意思就是大荒漠。它西起大西洋，东到红海之滨，东西长达 5290 千米，南北宽约 1700 千米，约占非洲总面积的 30%。撒哈拉沙漠气候干燥，绝对最高气温超过 50 摄氏度。漫漫黄沙浩瀚无际，无数沙丘连绵起伏，蔚为壮观。

生活在撒哈拉沙漠的耳廓狐

● 神奇的"撒哈拉之眼"

撒哈拉沙漠西南部的毛里塔尼亚境内，有一个巨大的同心圆地质构造，不仅是"地球十大地质奇观"之一，还被人们形象地称为"撒哈拉之眼"。圆形构造的直径约 48 千米，整体上看着很平坦，从太空也可以清晰地识别出来。最初，人们认为这是陨石撞击地球形成的，后来，地质学家认为也许是地质结构上升或外力侵蚀造成的。它到底是怎么形成的，以及为什么这么大、这么圆，至今仍是未解之谜。

白沙漠

白沙漠位于埃及法拉法拉绿洲以北45千米处，距离开罗约570千米。该地区独特的喀斯特地貌，使其成为研究沙漠环境化石和野生生物的开放式博物馆。这里白色的沙子与周围的黄色沙漠形成鲜明对比，因此闻名世界。

在风力作用影响下，无数的尖峰石林、尖塔等矗立于此。有的像巨大的蘑菇，有的像冰淇淋球，还有的像超大号的小鸡。这些奇形怪状的岩石周围的沙子，闪耀着石英晶体一般的光芒。

埃及白沙漠中高耸巨大的岩石好像沙漠里长出来的大蘑菇。

卡拉哈迪沙漠

卡拉哈迪沙漠是位于非洲南部卡拉哈迪盆地西南方的沙漠，又称卡拉哈里沙漠。其范围包括博茨瓦纳中西部和西南部、纳米比亚东南部以及南非的西北部，面积约26万平方千米。卡拉哈迪沙漠除了西部是大片的新月形沙丘，其他部分多为固定或半固定沙丘、沙地。

这里昼夜温差大，冬天常会有冰冻现象，而夏季最高气温可达47摄氏度。这里降水稀少，年降水量在100毫米到400毫米之间，且分布无规律。只有部分地方植被发育较好，生长着灌木和草丛。生活在这里的动物以各种羚羊最为引人注目，通常还会有仰望天空的狐獴。

仰望天空，警戒天敌！

一只来自卡拉哈迪沙漠的狐獴

"幻影之湖"埃托沙盐沼

埃托沙盐沼位于非洲纳米比亚的北部高原地区，属于高原洼地，因雨季降水汇聚形成湖泊，是非洲最大的盐沼湿地。埃托沙盐沼长约96千米，宽约48千米，占地面积4800平方千米。受气候影响，埃托沙盐沼旱季时几乎干涸，地表覆盖一层较薄的盐壳；雨季时，这里又会变成湖泊，为附近的居民和畜群提供水源。当地的奥万博人称埃托沙盐沼为"幻影之湖"或"干涸之地"，它也被开发成纳米比亚著名的探险、生态旅游胜地。

我不但运输能力强，还跟老马一样有着"识途"的本领！

骆驼被称为"沙漠之舟"，它们是沙漠地区贸易往来的主要交通工具。

猎奇 美洲

在美洲，你可以了解北极圈内居民的生活，看到世界上最大的岛屿、最长的山脉，还可以走近玛雅文明，感受玛雅人的生活……认识美洲，从此处开始。

北美洲的"脊骨"：落基山脉

和加拿大这个名字一样，落基山脉也是音译而来的名字，它的英文名叫 Rocky Mountains，也就是石头山的意思。这里的大多数山都是光秃秃的，没有植物覆盖。

落基山脉从南到北全长 4800 千米，贯穿北美洲的大部分地区，因此被誉为北美洲的"脊骨"。它是北美大陆的分水岭，北美洲几乎所有的大河都发源于落基山脉，山脉以西的河流都流向太平洋，山脉以东的河流都流向大西洋或北冰洋。

落基山脉拥有48座海拔超过4200米的高峰。

"蓝色美玉"：梦莲湖

加拿大第一个国家公园班夫国家公园位于加拿大艾伯塔省西南部，这里有一个蓝宝石般梦幻的湖泊——梦莲湖。梦莲湖位于十峰山下，海拔高度为 1884 米，是一个冰川湖，每年 6 月底雪山融化，湖水也因此到达最高水位。由于湖底沉积了岩粉，使得梦莲湖呈现出美丽而又静谧的蓝绿色。在这里，抬头可见重峦叠嶂、如诗如画的十峰山，低头又可以看到梦莲湖湖面倒映出的皑皑雪山和蓝天白云，有一种置身画中的感觉。

乌尤尼盐沼

每一个来到玻利维亚的人，都会去乌尤尼盐沼一睹水天一色、如梦如幻的神奇景象。乌尤尼盐沼位于玻利维亚西部的高原上，面积约 10582 平方千米，海拔 3656 米，是世界上最大的一块盐沼。如果雨季来这里，会看到坚硬的盐沼表面所形成的湖面，犹如一面镜子照向天空，形成一处美得令人窒息的神奇景色，难怪这里被称为"天空之镜"。除了美到极致的自然风光，乌尤尼盐沼还有许多珍稀的动物，如蜂鸟、火烈鸟等。

育空河

育空河全长 3185 米，是北美洲第三长河，发源于加拿大不列颠哥伦比亚省西北部，流经加拿大育空地区中南部和美国阿拉斯加州中部，最终注入白令海，流域面积达 85.4 万平方千米。育空河水力资源丰富，但航利不大，因此该流域内的主要经济活动是采矿业。1858～1898 年，育空河谷聚集了众多淘金者，引发了"淘金热"。

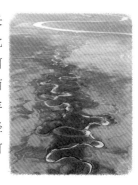

● 火烈鸟天生就是粉红色的吗？

火烈鸟其实并非天生就是粉红色的，它们身上的颜色来自食物中的胡萝卜素，火烈鸟所吃的水藻、小虾中含有大量胡萝卜素，使其羽毛显现出粉红色。如果胡萝卜素摄取不足，火烈鸟就会"褪色"。

我们的"美色"是吃出来的！

尼亚加拉大瀑布

尼亚加拉河从伊利湖出发，仿佛一辆"过山车"经历 90 度急转弯后骤然跌落，形成了尼亚加拉大瀑布。它是北美最著名的奇景之一，其河水被绝壁上的戈特岛一分为二，瀑布也变成两支。其中，西侧加拿大境内的这支呈半环状，因此被叫作马蹄瀑布，宽 793 米，落差 49.4 米；东侧美国境内的这支叫亚美利加瀑布，宽 305 米，落差 50.9 米。

从观瀑塔眺望尼亚加拉大瀑布

疯狂的石头

大自然的创造力是无穷无尽的，地壳运动、风力侵蚀、火山喷发等大自然以岩石为材料，雕琢出的各种壮观雄奇的"作品"，令人叹为观止，不深入探究它们的形成原因，还真会有种"人为"的错觉。

布赖斯峡谷

布赖斯峡谷位于美国犹他州南部，由于地壳运动的原因，峡谷岩石缝隙中的水不断冻结和融化，侵蚀出数以万计的岩柱。这些岩柱多呈红色或粉色，绚丽多彩。这片区域生长着冷杉、松树等树木，为生活在这里的骡鹿、花栗鼠、蓝松鸡等动物提供了栖息地。

布赖斯峡谷

每年有众多游客一睹魔鬼塔的风采。

魔鬼塔

魔鬼塔可不是魔鬼建造的塔，它是一块侧面布满柱状沟槽的巨石。魔鬼塔位于美国西部怀俄明州东北部，历史上，魔鬼塔是印第安人的圣地，在印第安传说中是"熊的居所"，而"魔鬼塔"上的一道道深痕便是熊的巨爪留下的。

● 魔鬼塔的来历

魔鬼塔的来历跟它的名字一样神秘，但地质学家认为，它源于地下冷却并凝固的大量岩浆。当周围的岩石层受到侵蚀而逐渐剥落后，孤峰矗立的魔鬼塔便形成了。

魔鬼塔

这些奇异的化石岩柱好似古代战场上的战阵，故称"尖峰石阵"。

在澳大利亚珀斯北方约 260 千米处有一片诡异而令人震撼的尖峰石阵，它向人们诉说着沧海桑田的过往。在远古时期，这里曾有着茂密的森林，随着时间的流逝，植物根部的内部腐烂后，慢慢被砾石等填满。其后，由于风的作用而露出地表，最终被"雕琢"成这片从几厘米到几米长短不等的尖峰石阵。

在澳大利亚，有很多地质奇观都是沧海桑田的见证，尖峰石阵也不例外。

澳大利亚政府宣布，2019 年 10 月 25 日日落之后，永久禁止攀登艾尔斯岩。

"魔石"：艾尔斯岩

艾尔斯岩位于澳大利亚北部地区西南部，它是地球上最大的独体岩石，从平地上陡然而起，高 335 米，长约 3600 米，宽约 2000 米。整块巨岩气势雄峻，傲然矗立于茫茫荒原，堪称"魔石"。当地原住民称其为"乌卢鲁"，并将它视为神赐之物。巨石底部有一些浅洞穴，洞内石壁上的岩画具有重要的文物考古价值。最神奇的是，这块巨石会随光线的变化而变色，淡红、紫红、橘红、赭红等，魔性十足。

不可错过的美洲 国家公园

地质公园不同于一般的公园，它具有特殊的地质科学意义，人们身处其中不但能领略大自然的神奇魅力，还能见识到各种各样奇特的地质奇观。

黄石国家公园大棱镜温泉

黄石国家公园 ▶

黄石国家公园是世界上第一座国家公园，主要位于美国西部的怀俄明州西北部，面积8983平方千米。其自然景观分为五大区：玛默区、罗斯福区、峡谷区、间歇泉区和湖泊区，拥有森林、草原、湖泊、峡谷和瀑布等各具特点的自然景观。

其中，园内拥有300多处间歇喷泉和3000多处温泉，主要分布在公园西半部，它们的数量和种类之多，温度、水量、排水方式和水质成分之差异，都是世所罕见，它们构成了享誉世界的独特奇观。

● 黄石探险

1871年，一支由美国政府组织的官方队伍，在黄石地区进行了大规模的勘测和调查。探险队带回的风景照片向世人展示了黄石令人赞叹的美丽景色。因此，国家公园的构想被提出。1872年3月，美国国会通过法案，将黄石地区划为国家公园，世界上第一个国家公园诞生了。

宰恩国家公园

宰恩国家公园位于美国犹他州西南部，地处科罗拉多高原西北边缘，其东北方向是雪松断层国家古迹，东邻布赖斯峡谷。1918年扩建并更名为宰恩国家古迹，1919年建为国家公园，1956年再次扩充面积，现占地面积为593平方千米。在过去的2.3亿年里，这里一直处在水下，后因地质运动露出水面，并被富含泥沙的河流侵蚀成峡谷。园内生活着骡鹿、金鹰、游隼、宰恩蜗牛等动物，以及近800种植物。

出没在宰恩国家公园的金雕

红杉之家：红杉树国家公园

美国加利福尼亚州的红杉树国家公园保护着众多树龄悠久的老红杉。这里有棵北美红杉，是树木中的"巨人"，截至2006年其高度已超过115米，是世界上最高的树。还有棵"谢尔曼将军树"，高约84米，树龄达3500多年，有"世界树王"之称。北美红杉的树干非常粗，若在其树干下开一个大洞，汽车可以从中驶过。北美红杉还可以用来做枕木、电线杆等，是建筑上的好材料。

北美红杉树的生长速度很快，生命力极强，其树干呈玫瑰般的深红色。

百内国家公园

百内国家公园位于阿根廷南部的巴塔哥尼亚高原，距离南边的纳塔莱斯港112千米，是世界上著名的生物保护区。从最近的公车站徒步到百内国家公园需要一天时间，对于那些环球旅行爱好者来说，这片海拔3000米的花岗岩山体是一个不错的目的地。踏过草原，越过榉树树林，走过悬挂天桥，翻过陡峭的冰川，才能真正领略到百内国家公园千姿百态的美景。不过，这里的天气变化多端，狂风暴雨很常见。

这里的山峰高耸陡峭，远看好像落了雪的鹿角。

亚马孙雨林

亚马孙热带雨林闻名世界，然而其广大的覆盖面积和丰富的生物多样性总会让世人觉得它既危险又神秘。确实，热带雨林深处人迹罕至，但那里却是动植物的家园和庇护所，有着无穷无尽的秘密值得去探寻。

支流众多的亚马孙河

金刚鹦鹉色彩艳丽，十分聪明，深受人类喜爱。

最壮丽的生态奇观

亚马孙雨林位于巴西中北部的亚马孙平原上，它是地球上最壮丽的生态奇观。在方圆二三百万平方千米内，各种植物密密层层。根据已知资料，亚马孙雨林中仅树木品种就多达万种以上。雨林中的树木最高的有五六十米，地面上布满灌木、草本植物。

"河流之王"亚马孙河 ▲

从高空俯瞰亚马孙雨林，入眼处除了浓得化不开的绿色，还有如银带般蜿蜒曲折的河流，这就是亚马孙河，世界上流量最大、流域最广的河流。亚马孙河发源于安第斯山脉，一路向东注入大西洋，沿途接纳1000多条支流，从地图上看好似一棵枝杈繁多的大树。

金刚鹦鹉

层次丰富的"生命王国"

因地处热带且全年高温多雨，亚马孙热带雨林葱茏茂盛，从树冠到树根形成了多层次的立体生态系统。生态系统各层次高低错落、相融相生，在垂直方向上发展出多种不同的环境，种类繁多的动物各自占据着有利的生存空间，彼此和谐地生活在一起，充分地利用资源。也难怪亚马孙热带雨林有着世界上最丰富多样的生物种群，被誉为"生命王国"。

亚马孙雨林中的树蛙

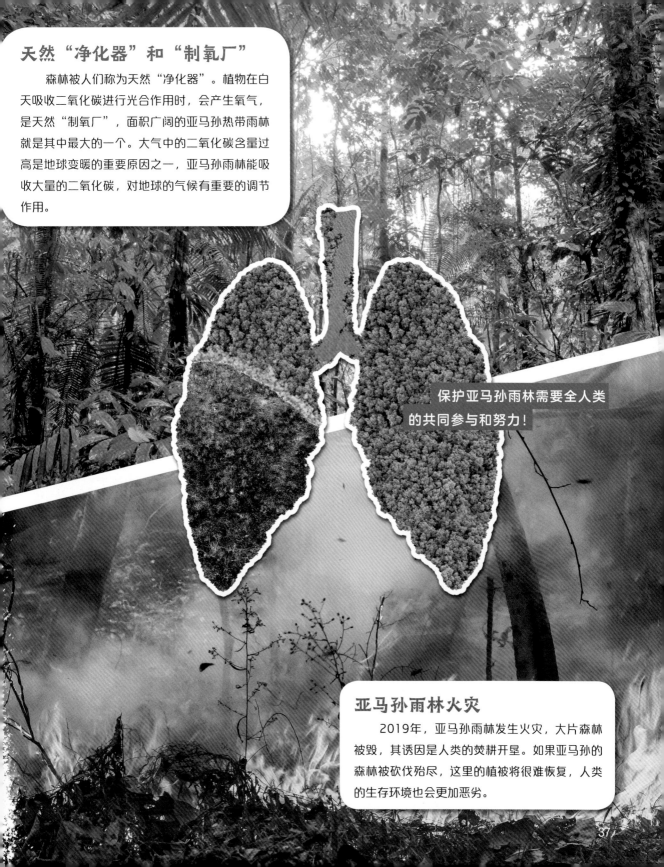

天然"净化器"和"制氧厂"

　　森林被人们称为天然"净化器"。植物在白天吸收二氧化碳进行光合作用时，会产生氧气，是天然"制氧厂"，面积广阔的亚马孙热带雨林就是其中最大的一个。大气中的二氧化碳含量过高是地球变暖的重要原因之一，亚马孙雨林能吸收大量的二氧化碳，对地球的气候有重要的调节作用。

保护亚马孙雨林需要全人类的共同参与和努力！

亚马孙雨林火灾

　　2019年，亚马孙雨林发生火灾，大片森林被毁，其诱因是人类的焚耕开垦。如果亚马孙的森林被砍伐殆尽，这里的植被将很难恢复，人类的生存环境也会更加恶劣。

大洋洲
的奇遇

在亚洲和南极洲之间的西南太平洋上，有一座轮廓像儿童"长命锁"的"大岛"，其实这并不是一个岛，而是澳大利亚大陆。在这块大陆周边，还分布着一些形状各异、星星点点的岛屿，与澳大利亚大陆一起构成了大洋洲。

会变魔术的艾尔湖

艾尔湖是一个著名的时令湖，像个爱捉迷藏的小孩般时隐时现，即使你到了这里，也可能找不到它，而只能看到干涸的湖床，以及湖床表面厚厚的盐壳。艾尔湖位于澳大利亚大自流盆地的西南角，主要靠一些季节性河流补充水源，降水多的年份，湖区注满后艾尔湖就成了澳大利亚最大的湖泊。

珊瑚海与大堡礁

珊瑚海因海中珊瑚礁众多而得名，其中，大堡礁是世界最大的珊瑚礁区，像守卫在澳大利亚东北沿海的堡垒，成为澳大利亚人最引以为傲的天然景观。坐在玻璃船上，通过透明的船底可饱览珊瑚海奇妙的水下世界。

大堡礁位于珊瑚海西部，近千个岛礁和浅滩星罗棋布，最可爱的是一个心形堡礁，大自然的鬼斧神工真让人叹服！

碧蓝的海水下是一个绚丽的珊瑚世界。

大洋洲是由澳大利亚大陆和上万个大小不等的岛屿组成的。

澳大利亚最长的河流墨累—达令河就发源于大分水岭。

大分水岭：澳大利亚的"父亲山"

澳大利亚的大分水岭像一道天然屏障纵贯澳大利亚大陆东部，与海岸线大致平行。它就像一位沉稳大气的父亲，拦住了来自太平洋的暖湿气流，从而使大分水岭东侧获得了丰沛的降雨，孕育出澳大利亚最适宜居住的一片区域。悉尼、堪培拉、布里斯班等重要城市皆位于大分水岭东侧的沿海地带。

塔斯马尼亚岛

塔斯马尼亚岛位于澳大利亚塔斯马尼亚州，是澳大利亚最大的岛屿，与澳大利亚大陆隔巴斯海峡相望。该岛海岸线曲折，河流多且短小。因与大陆隔绝，岛上保留了许多具有原始风貌的珍稀物种，如卵生哺乳动物鸭嘴兽，有"塔斯马尼亚恶魔"之称的袋獾等。

大分水岭在新南威尔士州境内蓝山山脉的标志性景观三姐妹峰

"塔斯马尼亚恶魔"袋獾

两极地区

南北两极可谓地球上最神秘的地域，那里冰天雪地、极度寒冷，除了露出"一角"的冰山外，只有巨大的冰架，以及像外星表面一样的荒原。即便在这样的环境中，仍然有动物生活于此，比如企鹅、北极熊等。

罗斯冰架

罗斯冰架位于玛丽·伯德地与横贯南极山脉之间，面积达 49.4 万平方千米，是目前世界上最大的冰架。1841 年，由英国 J.C. 罗斯船长发现，并以其姓氏命名。罗斯冰架厚度大约在 200 ~ 1000 米之间，边缘是近乎垂直于海面的陡崖，看起来像没被绑好的冰筏子。

罗斯冰架的一角

南桑威奇群岛

南桑威奇群岛是南大西洋南部的火山岛屿群，由 20 多个岛屿组成，呈弧形分布。《南极条约》将位于南极圈以外的部分岛屿计入南极地区，南桑威奇群岛即在此列。其主要岛屿有扎沃多夫斯基岛、蒙塔古岛等。这里是企鹅的王国，拥有世界上近一半的帽带企鹅。

"极地精灵"帝企鹅

帝企鹅主要生活在南极洲以及附近海洋中，是企鹅家族中体形最大的。帝企鹅身披黑白分明、油亮有光泽的"大礼服"，脖子底下有一片橙黄色的羽毛，向下逐渐变淡，明艳动人，难怪被称为"极地精灵"。

纹颊企鹅

北冰洋是四大洋中面积最小、最冷的一个，广布常年不化的冰盖，面积不到太平洋的1/12。它被亚、欧、北美三大洲环抱，通过格陵兰海及一系列海峡与大西洋相接，通过狭窄的白令海峡与太平洋相通，也叫北极海。

北极地区生活着许多可爱的动物，有北极熊、海象、海豹……

苔原上还生活着北极狐、雪兔、驯鹿……

格陵兰岛的拱形冰山

麦克默多干谷

在南极一望无际的雪原中，有一处神奇的无冰雪地带——麦克默多干谷，它位于麦克默多海峡西部的维多利亚地。麦克默多干谷的地面散布着砾石，没有植被覆盖，看起来十分荒凉，完全不像在地球上，倒像是在火星上，很多人认为这里是地球上最像火星的区域。

41